主食

加工知识130问

张泓　主编

U0238520

中国农业出版社

【编辑委员会】

【编写人员】

主　编：张　泓

副主编：张　雪　周素梅

参编人员：

张春江　胡宏海　黄　峰

刘倩楠　陈文波　佟立涛

王振宇　段玉权　薛文通

倪　娜　刘晓真

目录【主食加工知识130问】

第一篇 基础问答

第二篇 主食营养健康问答

第三篇 主食加工工艺问答

第四篇 主食包装储运知识问答

第一篇
【基础问答】

1. 什么叫主食？

　　主食一般是指普通百姓一日三餐经常性食用、能够满足人体基本能量和营养需求的食物。传统意义上的主食一般是以淀粉（碳水化合物）为主的米面食品，如米饭、馒头、面条或以其他谷物（玉米、高粱、小米、莜麦等）、薯类（马铃薯、甘薯）制作而成的食物。随着社会经济的发展和生活水平的提高，现代人餐桌上的主食品种和比例也在不断变化，除了传统米面主食外，肉蛋奶、水产、果蔬类食品的比例逐步增大，现代主食的概念和内涵在不断更新。

传统主食

2. 我国各地居民主食消费习惯有什么地域特点？

　　我国幅员辽阔、民族众多，受地方自然环境、农业种植、养殖结构、生活方式以及文化传统等多种因素的影响，各地居民主食消费存在明显的地域差异。从传统上看，最为典型的是"南米北面"的主食消费地域特征，即长江以南的南方居民多以米饭、米粉等米制品为主食；黄河以北的北方居民以馒头、面条等面制品为主食；在秦岭、淮河中间过渡地带则米面兼食。另在东北、华北部分地区因盛产稻谷，也有将大米作为主食的习惯。在内蒙古、山西、青海、西藏等高寒冷凉地区，有以燕麦（莜麦）、荞麦、青稞等杂粮制品（如莜面、荞面、糌粑）为主食的习惯。此外，国内也有部分少数民族（如蒙古族、维吾尔族）以牛羊肉制品为主食。不过，近年来，随着我国经济发展和贸易流通的加强，"南米北面"的地域差异正逐步缩小。

南米北面

3. 各地特色主食都有哪些?

我国餐饮文化历史悠久,经过长期演变形成了众多具有地域和民族特点的特色主食。米制的传统主食除米饭外,还有如广东、广西、云南、江西及湖南等省份的桂林米粉、常德米粉、云南过桥米线、米发糕、汤圆(元宵)等。相对米制主食,传统面制主食更加多

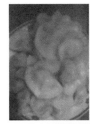 

样化,除馒头、花卷以外,还有山西刀削面、四川担担面、北京炸酱面、湖北热干面、山东伊府面、河南烩面、兰州拉面、陕西岐山臊子面、广州云吞面、贵阳肠旺面以及江苏阳春面等数不胜数的面条,天津"狗不理"包子、南翔小笼包、河南开封灌汤包和各地特色饺子、馄饨、馅饼等包馅类面食也极为普遍。

不同地域的主食

4. 我国居民主食消费方式的变化趋势是什么?

随着我国经济的快速发展和人民生活水平的不断提高,城乡居民主食消费方式正在发生快速的变化,呈现出多样化、方便化、营养化和安全化等新特点,主食的制作方式正在从以家庭自制为主向工业化生产和社会化供应的方向转变。

主食的多样化

主食的家庭自制向社会化供应的转变

5. 什么叫主食加工产品?

主食加工业指应用现代科学技术和先进的机器,以定量化、标准化、机械化、自动化加工来代替传统手工的制作方式,实现工业化生产的过程。我们把由主食加工业生产的产品叫做主食加工产品。

主食加工业

速冻水饺

速食米饭套餐

主食加工产品

鱼香肉丝

6. 主食加工产品有哪些优势？

与传统的家庭烹制或餐馆制作的主食相比，工业化主食通常能够满足人们大规模、多样化的消费需求，其主要优势表现在：（1）方便快捷：可以直接食用或食用前只需简单处理即可，能够满足现代社会快节奏的生活方式；（2）安全卫生：主食加工企业从业要求更高，从原料至生产加工环境等均需要严格把关，从而更能确保产品的质量安全；（3）营养均衡：从规模化加工的便利程度和技术水平上，更容易做到各种食物材料的混合、搭配，能够对营养成分做出合理调配；（4）便于保存：一般多经过杀菌处理或冷冻贮存，具有相对安全的食品包装，保存、消费期限相对较长。

7. 主食加工产品在食品中占据什么地位？

主食加工产品在食品中占有重要地位。现在市场上出现最多的主食加工产品有方便面、挂面、八宝粥、馒头、速冻食品（包子、水饺、汤圆、粽子等）、餐盒便当及中西式肉制品等，这些已成为上班族、旅游人群及快餐店和百姓家庭餐桌上不可缺少的

各类主食加工产品及加工生产线

主食产品。其中，我国方便面生产量占到加工食品总量的46%，年加工量为600多亿包，人均每年消费40多包；水饺、丸子等速冻食品占加工食品总量的20%，人均每年消费接近7千克；八宝粥年生产量150万吨，挂面年生产量近300万吨，中西式肉制品年生产量为1 200多万吨。

8. 国内主食加工产品的知名品牌有哪些？

国内主食加工产品有"康师傅"、"统一"、"今麦郎"和"白象"方便面；"克明"、"金沙河"挂面；"娃哈哈"、"银鹭"、"亲亲"和"同福碗粥"八宝粥（方便粥）；"三全"、"思念"、"湾子码头"和"安井"速冻面点；"巴比馒头"和"王哥庄"馒头；"丽华"和"得益绿色"餐盒便当以及"双汇"、"雨润"、"金锣"、"唐人神"、"山东惠发"肉制品及中式菜肴产品等知名品牌。

知名品牌主食加工产品举例

9. 什么是预制菜肴食品?

预制菜肴食品是指将畜禽产品、水产品和果蔬产品等原料经清洗、分切、调理、包装等工艺处理后预先做好的成品或半成品,经过加热或简单的调理就可以食用的菜肴产品。

预制菜肴食品

10. 预制菜肴食品怎么分类？

预制菜肴食品按食用方式主要有以下四类：

（1）即食菜肴，指开封后即可直接食用；

（2）即热菜肴，指加工成的冷冻、冷藏或常温条件下保存的食品，只经热水浴或微波炉等加热即可食用；

（3）即烹菜肴，指按份分切、包装的冷藏、冷冻原料及必需调味品，立即可烹制的原料食品；

（4）即配菜肴，或称烹饪原料食品，指加工成未调味半成品的配菜原料，多用于团体人群的配餐烹饪原料。

即食菜肴　　　　　　　　即热菜肴

即烹菜肴　　　　　即配菜肴

11. 西方国家主食消费的特点是什么?

与注重色、香、味的中国主食相比,西方国家的主食消费更注重营养的搭配,讲究一天要摄取多少热量、蛋白质、脂肪、维生素和矿物质等,肉制品、面包和马铃薯等多作为主食食用。另外,由于西方发达国家生活节奏快,食品加工业发达,食用主食讲究效率和方便。因此,居民以消费社会化供应的主食加工产品为主。

西方发达国家食用的主要主食

12. 日韩等亚洲国家的主食消费特点是什么?

全世界一半以上的大米被亚洲人消费。日、韩等亚洲经济发达国家的主食消费以大米为主,适当吃一些面食。日本人发明的电饭煲为大米主食的方便化带来了革命性变化。日本最有代表性的主食产品是由大米和生鱼片制作的寿司,韩国则为米饭、烤肉加泡菜。

生鱼片

日本寿司

泡 菜

韩国烤肉套餐

13. 发达国家主食生产和消费的发展趋势怎样?

　　发达国家主食的消费结构与发展中国家不同,谷物类主食直接消费的比例逐渐减小,从1961年的31.6%减少到现在的22.8%;而人均肉类消费量由1961年的52.5千克提高到现在的81.7千克。

　　发达国家主食消费的形式以加工的方便食品为主,占消费总量的60%以上。欧洲、亚太地区和美洲等地区的发达国家是加工主食生产和消费的主体。欧美发达国家主要加工品种为面包、比萨饼、香肠、火腿及马铃薯制品等；亚太地区发达国家的主要加工品种为速食面、速食米饭、速冻的可乐饼、鸡肉串和饺子等。

亚太地区发达国家的主要主食加工产品

第二篇
【主食营养健康问答】

14. 人体必需的营养素有哪些？

　　人体维持正常的生长、生存通常需要六大类营养元素，即蛋白质、脂肪、碳水化合物（糖类）、维生素、矿物质和水。这些营养元素按功能可分为：①供给人体能量（热量）的物质，如碳水化合物、蛋白质、脂肪；②人体构造的组成及修复物质，如水、矿物质、脂肪、蛋白质、碳水化合物；③人体生理代谢的调节物质，如水、维生素、矿物质和蛋白质等。

15. 主食可为人体提供的营养素有哪些?

主食作为人们一日三餐经常性食用的食品,需含有人体必需的各类营养元素才能保障人体健康。但是不同原料加工的主食所富含的营养元素不尽相同,如米面主食其营养元素中50%以上是碳水化合物类的能量物质;肉蛋、菜肴类主食可以提供更多的蛋白质、脂肪及矿物质等营养成分。随着现代主食加工业的发展,主食产品所包括的产品形式和内容将更加丰富,营养元素也必将更加全面。

碳水化合物类的　　　　蛋白质、脂肪　　　　　　维生素及
能量物质　　　　　　　及矿物质等　　　　　　膳食纤维等

不同主食为人体提供的主要营养素

16. 常见主食产品的热量(能量)一般是多少?

热量的直观概念是可以将1升水的温度提高1℃所需要的能量,单位为1卡(CAL)。而热量在营养学中是用来描述摄入的食物在体内转化的能量,单位一般以千卡(kCAL)也称为卡路里,或千焦(kJ)计算。1卡路里= 1千卡=4.184千焦。一般成人每天摄取的热量为2 000千卡(8 370千焦)左右。常见的主食热量如下:

1小碗米饭=200千卡或836千焦

1个馒头=280千卡或1172千焦

1碗面条（含汤等）=450千卡或1883千焦

1人份东坡肉菜肴（120克，含汤汁）=220千卡或920千焦

17. 你知道什么是必需氨基酸吗？

必需氨基酸指的是人体自身不能合成或合成速度不能满足人体需要，必须从食物中摄取的氨基酸。必需氨基酸共有8种，如果食物中缺乏这8种必需氨基酸，会出现乏力、早衰、伤口不易愈合和儿童发育迟缓等症状。8种必需氨基酸主要从肉奶蛋类、鱼类、豆类、糙米和果仁类等富含不同蛋白质的食物中获得。因此，每天摄取的蛋白质类主食的品种要尽量多一些，偏食容易造成必需氨基酸的缺乏。

富含必需氨基酸的主食原料

18. 你知道什么是饱和脂肪酸和胆固醇吗？

饱和脂肪酸是指通常在室温条件下特别是在冷藏条件下呈固体或半固体状态的脂肪，多含于牛、羊、猪等畜肉的脂肪、

奶油以及少数植物油如椰子油、可可油和棕榈油中。饱和脂肪酸摄入量过高是导致内藏脂肪增加和血脂升高的主要原因，继发引起动脉管腔狭窄或血栓，形成动脉硬化，增加患心血管疾病的风险。

　　畜禽产品特别是畜禽的内脏中含有较多的胆固醇。胆固醇虽然是人体需要的一种营养物质，但是摄入多了，就会引起高胆固醇血症，进而形成冠状动脉粥样硬化性心脏病等所谓的"富贵病"。

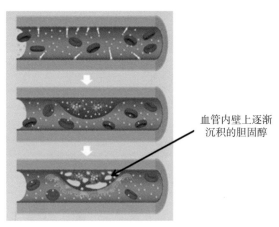

血管内壁上逐渐
沉积的胆固醇

由沉积在血管内壁上胆固醇形成的血栓

19. 你知道什么是不饱和脂肪酸吗？

　　不饱和脂肪酸是指通常在室温甚至在冷藏条件下呈液体状态的脂肪。它主要来源于鱼类和大多数的植物油，如豆油、菜油、玉米油、葵花籽油等中。不饱和脂肪酸在体内具有降血脂、改善血液循环、抑制动脉粥样硬化斑块和血栓形成等功效，对心脑血管病有良好的预防效果。

20. 哪些主食产品可提供人体所需的蛋白质?

主食中的蛋白质按照其来源可分为动物蛋白和植物蛋白。动物蛋白主要来源于肉、蛋、乳，蛋白质含量高、必需氨基酸齐全，但通常含有较多的饱和脂肪酸和胆固醇，摄入过多对人体的健康不利。植物蛋白主要来源于谷物、豆类及干果类产品，植物蛋白通常缺乏个别不能自身合成的必需氨基酸，但其能够弥补荤食所缺乏的膳食纤维和某些水溶性维生素。因此，荤素搭配、动植物蛋白质互补，既可保证摄入高品质的蛋白质，又能减少对人体健康不利的饱和脂肪酸和胆固醇的摄入。

富含蛋白质的主食原料

21. 哪些主食产品可提供人体所需的脂肪？

　　动物性食物和豆类主食中均含有丰富的脂肪。动物性食物以畜肉类含脂肪最丰富，含量为10%~30%，且以饱和脂肪酸为主；鱼类脂肪含量多数在5%左右，且以不饱和脂肪酸居多。在植物性食物中，大豆脂肪含量约为16%~20%，而大豆之外的其他淀粉质食用豆类及谷物类中的脂肪含量较低。与动物脂肪相比，豆类、谷物中的脂肪酸组成中油酸、亚油酸等对人体健康有益的不饱和脂肪酸的含量较高。

富含脂肪的主食原料

22. 哪些主食产品可提供人体所需的膳食纤维？

　　膳食纤维是一类不易被消化的食物营养素，主要来自于植物的茎叶及谷物的米糠和麸皮等。膳食纤维是健康饮食所不可缺少的，其在保证消化系统健康上扮演着重要的角色。同时，摄取足够的膳食纤维在预防心血管疾病，降低癌症、糖尿病以及其他慢性病的发病率方面均有公认的作用。富含膳食纤维的主食加工原料包括：①谷类：如糙米、全麦粉、玉米、小米、大麦、燕麦、荞麦等；②食用豆类：如绿豆、红豆、豌豆、黑豆等；③薯类：如马铃薯、甘薯、芋头、山药等。因此，以上述原料加工的主食产品可为人体提供必要的膳食纤维。

富含膳食纤维的主食原料

23. 成人每天需要多少热量（能量）？

根据世界卫生组织报告，一个健康的成年女性每天需要摄取1 800～1 900千卡的热量，男性则需要2 000～2 400千卡的热量，热量主要来源于碳水化合物和脂肪。此外，因劳动强度、年龄情况不同，需要摄入的热量亦有所变化。碳水化合物摄取量应不少于人体每日所需热量的55%，脂肪的摄取量应不超过每日所需热量的30%。

常见食物的热量表（仅供参考）

	食物	热量
主食（每100克）	白米饭	200卡（每一小碗）
	馒头	280卡（一个）
	白面包	130卡（一片）
	水饺	420卡（10个）
	方便面	450卡（一包）
	比萨	220卡（一片）
	美式汉堡套餐（薯条、可乐、鸡腿汉堡）	超过1 000卡
水果（每100克）	番茄	18卡
	西瓜	20卡
	草莓	35卡
	菠萝	46卡
	芒果	63卡
	香蕉	84卡
蔬菜（每100克）	冬瓜	7卡
	芹菜	10卡
	海带	23卡
饮品（每100克）	低脂牛奶	51卡
	可口可乐	98卡
	乌龙茶	1卡

24. 主食摄入不足会对身体带来什么危害?

谷物类主食是热量的主要来源。主食摄取不足危害很多:如果身体需要的能量不能被满足,人体会自动去消化蛋白质以补充不足的能量,这就破坏了蛋白质原本在人体内承担修补身体组织的任务;还会对大脑健康形成危害;主食吃得少了,食肉必然增多,而肉食摄入过多会引起心血管疾病等。科学的配比应当是主食占总热量的比例不得低于55%。成年人每人每天摄入主食量最少是6两。

25. 正常人群一日三餐应如何科学搭配?

对于普通人来讲,通常的饮食习惯是"一日三餐"。根据研究,三餐的热量分配最好是:早餐占30%,午餐占40%,晚餐占30%;每餐能量按照碳水化合物占60%、脂肪占25%、蛋白质占15%的比例来分配。早餐的主食量应在150~200克,热量应为450~600千卡;午餐的主食量应在200克左右,热量应为800千卡左右;晚餐因接近睡眠时间,不宜吃得太饱,且应选择富含纤维和碳水化合物的食物,热量应低于600千卡,如粥类有助于消化吸收,也可适当添加一些杂粮、薯类等作物来提高主食的营养。

一日三餐的热量分配

26. 哪些主食产品适合上班族？

目前我国都市上班族的普遍情况是严重消耗脑力且缺乏运动。因而在选择主食时，除了常见的米饭、馒头、面条等米面制品外，此类人群还应重点考虑以下食品：全谷物米面主食，这类食品富含与脑和神经代谢有关的B族维生素，适合脑力劳动繁重的上班族；燕麦片（粥），燕麦富含膳食纤维，可减缓食物消化速度，延迟向人体供能时间，使人体血糖水平一直维持在较高水平，从而防止头晕、记忆力减退、工作效率降低；富含铁质的绿豆、赤豆、芸豆等，能起到改善疲惫、无力的作用。

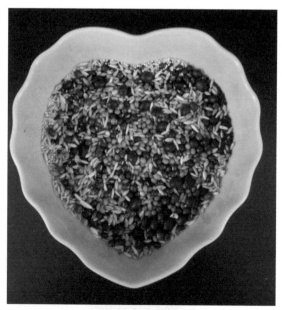

适合上班族食用的主食

27. 哪些主食产品适合中小学生群体？

中小学生因处于身体生长发育阶段，在主食选择上可多考虑富含蛋白质、能量、维生素及矿物质的主食。比如由纯天然原料（杂粮等）制作的主食，或添加强化营养素（如强化蛋白质、维生素A、维生素D、钙等）的工业化主食制品（面条、面包等）。另外，鉴于中小学生通常活动量较大，在主食产品中也可适当增加糖和脂肪的用量，以保证能量供应。

适合小学生食用的主食

28. 哪些主食产品适合老年人？

随着年龄增长，老年人的咀嚼和生理机能减弱、活动量减少，身体对于热量的需求亦下降，食物最好保持松软、清淡、低脂、低热量。除了常见的大米、面条、馒头外，还需要注意营养平衡和消化吸收性，多补充鸡蛋、奶制品等容易消化吸收的优质蛋白。此外，老年人容易出现便秘问题，加工精细的米面主粮中一般膳食纤维含量较少，杂粮、粗粮可弥补此方面的不足。主食制作中注意适当增加杂粮（玉米、燕麦、荞麦、小米等）、杂豆

（红小豆、绿豆、豇豆等）的比例。

适合老年人食用的主食产品

29. 哪些主食产品适合孕产妇？

孕产妇应根据胎儿生长及自身的生理需求，选食适度加工，富含叶酸、铁、钙等矿物质及维生素，且易消化的主食产品，如小米粥、八宝粥等。少吃精加工的米面制品，多吃全麦片、小米、玉米面、红小豆、绿豆等，粗细搭配，可保证主食中维生素和微量矿物元素的摄取，防止微量营养缺乏症。

此外，豆类食品是植物蛋白的主要来源。大豆中蛋白质含量较高，含有丰富的亚油酸，是胎儿生长必需的脂肪酸；大豆中还含有较多的钙、铁和B族维生素；大豆经发芽后维生素C含量大大增加，据研究，多食用豆芽能增加血管壁的韧性和弹性，预防产后出血；大豆中所含纤维素也较多，经常食用可防止孕产期便秘。

适合孕妇食用的主食产品

30. 哪些主食产品适合婴幼儿？

婴儿因年龄小、消化系统脆弱，比较适宜食用的是以大米为主的谷物淀粉类主食。此类产品易消化和吸收，且属低致敏食物，因此，婴儿主食首选颗粒度较细的米粉或软烂的米粥。

幼儿消化系统发育相对成熟，可消化吸收普通主食类产品，如米饭、馒头等，主食对幼儿特别适宜；带馅的包子、馄饨、饺子等食品更受幼儿的欢迎；但应注意避免油条、油饼等油炸类食品，另可适当补充一些大豆加工制品以保证优质植物蛋白的摄入。

31. 哪些主食产品适合高血糖人群？

对高血糖人群来讲，最主要的是要控制餐后血糖水平的上升，在主食选择上一定要注意选择那些血糖指数低或升糖指数慢的食品。减少精制米粉主食的摄入、注意粗细搭配，常吃、多吃一些富含膳食纤维的全谷物食品、杂粮等。

全谷物、杂粮因含有丰富的膳食纤维，能够增加饱腹感。另外，有些特殊杂粮，如荞麦和绿豆等本身富含降血糖的植物化学成分（黄酮、多酚等），亦适宜糖尿病人食用。

杂　粮

32. 哪些主食产品适合高血脂人群？

通常所说的高血脂主要包括两方面，即高胆固醇和高甘油三酯，这类人群应以不增加血脂负担或有辅助降血脂功能的主食为宜。因此，高血脂人群应注意多吃低胆固醇、低脂肪、高膳食纤维的主食，如全谷物、杂粮等。推荐的适宜主食包括糙米饭、全麦馒头、玉米棒、燕麦粥、甘薯和杂粮粥等产品。

适合高血脂人群食用的主食

33. 哪些主食产品适合高血压人群？

适宜高血压人群食用的主食有米饭、粥、面类、葛粉、芋头类、软豆类等。要特别注意在主食中添加富含钾的黄豆、小豆、绿豆、豆腐、马铃薯等食物，钾能使血压下降。少吃带有脂肪的肥肉，如红烧肉，肘子，鸡皮等。

适宜高血压人群食用的主食

34. 哪些主食产品适合肠胃虚弱人群?

　　肠胃虚弱人群最好食用营养丰富、又易于消化的松软主食产品，如面条、馒头、软米饭及米粥等。应减少对玉米、地瓜等促进过多胃酸分泌的食物的摄入。

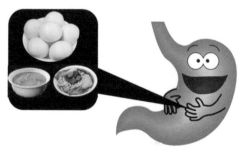

适宜肠胃虚弱人群食用的主食

35. 减肥不吃传统主食行不行？

不行。传统主食直接供给人体生命活动所需的营养和能量。传统主食摄入不足，血糖会降低，影响人体脑细胞的能量代谢，人体就会容易疲劳。传统主食里还有一定量的人体所需的蛋白质、脂类、矿物质、膳食纤维等营养素，并能够帮助调节人体功能。控制体重的关键在于均衡营养、加强运动，并适量增加低热量果蔬的摄入。

主食应合理搭配

36. 什么是全谷物食品？

全谷物食品应含有谷物种子中所具有的全部组分与天然营养成分。常见的谷物品种包括：小麦、糙米、荞麦、大麦、玉米、小米、燕麦、高粱等。这些谷物食品在食用时必须含有种子中所有的麸皮、谷糠和胚芽等成分才能称为全谷物食品。全谷物食品可以磨成粉或者加工成馒头、面条、面包、谷物早餐片以及其他形式的加工食品。

全麦面包   发芽糙米米饭

37. 什么是低GI主食?

　　GI（Glycemic Index）是指血糖生成指数，用来表示吃完食物后引起人体血糖升高程度的指标。一般认为，当GI在55以下时，该食物为低GI食物；当GI在55～75时，为中GI食物；当GI在75以上时，该食物为高GI食物。GI在10～20的食物有：大麦粒、大豆、蚕豆、冻豆腐、豆腐干、花生、低脂奶粉、樱桃、李子、果糖、马铃薯粉条等；GI在30～50的食物有：藕粉、甘薯、牛奶、苹果、梨、葡萄、柑、绿豆挂面等；GI在70以上的食物有：大米饭、糯米饭、馒头、白面包、面条、葡萄糖、白糖等。以低GI食物原料加工成的主食产品称为低GI主食。

高GI值产品   低GI值产品

38. 杂粮（粗粮）在我国主食产品中的地位如何？

五谷杂粮对大米、小麦等主食产品具有明显的互补作用，常吃杂粮是人体补充膳食纤维、微量元素的一种有效途径，其营养作用不可小觑。随着人们生活水平的提高，杂粮在我国主食产品中的地位会越来越突出。

常见的杂粮

39. 杂粮是不是吃得越多越好？

杂粮并不是吃得越多越好，如果粗粮吃得太多，就会影响人体消化，使人体缺乏许多基本的营养元素，导致营养不良，所谓"面有菜色"，就是纤维素吃得太多。同时，对养分需要量大的"特殊"人群（如怀孕期和哺乳期的妇女，以及正处于生长发育期的青少年等）来说，过食粗粮，影响吸收且造成的危害明显。

40. 加工主食产品中哪类营养素损失最大？应如何补充？

与原料相比，加工后主食产品中维生素类最容易损失。其中用蒸、煮的方法烹调，营养物质损失较小，而制作油炸食品时，营养成分损失会很大。热加工时间越长维生素B族和维生素C的损失量就越大。蒸煮过程中，受损失的主要是B族维生素。煮饭时，VB_1可损失17%左右，水煮面条可有30%～40%的维生素溶于汤中，做油条时可使VB_1全部被破坏，VB_2和烟酸破坏率在50%左右。加热、碱性环境等不利于维生素的稳定，可以通过优化加工参数和使用食品营养强化剂来强化，减少营养素的损失，补充营养素含量。

煎烤类主食

油炸类主食

41. 工业化生产与家庭制作的主食产品营养价值上有区别吗？

没有本质区别。主食产品的营养价值主要取决于原料和辅料的营养成分，同时加工工艺对其营养价值具有显著的影响。从客观、科学的角度而言，由于配方更科学，加工过程实行标准化控制，工业化生产相对于家庭制作，产品的营养品质和安全更有保证。

工业化生产的扒鸡

家庭制作扒鸡

第三篇
【主食加工工艺问答】

42. 主食加工产品常见的主要原料有哪些？

就传统而言，主食加工产品的原料主要是指面类和米类原料。但随着社会的进步及消费者饮食结构的变化，目前主食加工产品的原料在很大程度上进行了外延，既包括稻米、面粉、薯类、杂粮、豆类、蔬菜、水果、食用菌和海藻等植物性原料，还包括肉、蛋、乳和水产等动物性原料。

主食加工产品常见的主要原料

43. 主食加工产品常见的辅助原料有哪些?

主食加工中常用的辅料包括各种调味品（食盐、酱油等）、天然香辛料、食品添加剂等，如表所示：

常见的辅料

类别	名称
调味品	食盐、糖类、蜂蜜、果酱等
	醋、酸梅、番茄酱、山楂酱等
	辣椒酱、芥末油、姜粉等
	味精、鸡精、5′肌苷酸钠,5′鸟苷酸钠、蚝油、骨素等
	料酒、曲酒、麻油、香精、葱、蒜等
天然香辛料	生姜、胡椒、芥末、草果、良姜、小豆蔻、甘草、花椒、陈皮、砂仁、红辣椒、姜黄、肉桂、丁香、大茴香、小茴香、芫荽、白芷、肉豆蔻、大蒜、洋葱、香芹、花椒、百里香、月桂叶、多香果、罗勒、牛至等
食品添加剂	硝酸盐、亚硝酸盐、抗坏血酸及其盐/异抗坏血酸及其盐、烟酰胺葡萄糖酸-δ-内酯等
	红曲红、焦糖色、酱油、胭脂虫红、栀子黄、高粱红等
	多聚磷酸盐等
	蔗糖脂肪酸酯、硬脂酰乳酸钠、微晶纤维素等
	乳酸链球菌素、山梨酸及其钾盐、双乙酸钠、脱氢乙酸及其钠盐、那他霉素等
	茶多酚、没食子酸丙酯、植酸/植酸钠、迷迭香提取物、竹叶抗氧化物等
	淀粉、大豆蛋白、酪氨酸钠、谷朊粉、食用明胶、海藻酸钠、卡拉胶、黄原胶、聚葡萄糖等

44. 主食加工有哪些主要杀菌方式?

主食产品按杀菌方式可分为热杀菌和冷杀菌两种,其中热杀菌主要包括高温杀菌、超高温瞬时(UHT)杀菌和巴氏杀菌。冷杀菌主要为辐照杀菌和超高压杀菌,目前在主食加工产品生产中应用较少。

高温杀菌锅

45. 主食加工产品低温杀菌的条件要求是什么?

低温杀菌常用的为巴氏杀菌,即低温保持式杀菌法,亦称低温长时间杀菌法,由德国微生物学家巴斯德于1863年发明。因此采用巴氏杀菌的主食产品一般需要低温储存、销售;一些不适合于高温杀菌类的主食加工产品也可利用巴氏杀菌。

常见的低温产品

46. 主食加工产品高温杀菌的条件要求是什么？

高温杀菌是热杀菌的常用方式，也是应用最广泛而有效的灭菌方法。高温杀菌并不是杀死所有的微生物，而是达到"商业无菌"的状态，一般用于需要常温储存、运输、销售的主食加工产品。一般酸度高的食品杀菌温度可低些，时间可短些。

常见的高温杀菌产品

47. 不同杀菌条件对主食加工产品的品质有什么影响？

一般来说温度越高、杀菌时间越长对产品品质的破坏越大。高温杀菌对产品损伤较大，但保质期较长、操作方便；超高温瞬时杀菌效果较好、相比高温杀菌对产品损伤相对较小，但本方法只适合于液体食品的加工；巴氏杀菌对产品的损伤最小，但需要冷链运输销售条件；冷杀菌对产品品质影响较小，但该技术目前主要在研究阶段，在主食产品加工中的应用还极其有限。

高温杀菌产品

巴氏杀菌产品

超高温瞬间杀菌产品

48. 主食加工有哪些主要热加工方式？

根据不同的产品形式，常采用的热加工方式有：热水煮制、蒸汽蒸制、热风烘烤、远红外烘烤、油炸、烙烤等。主食产品中馒头、包子、发糕类产品属于蒸制类主食；面条、米粉、饺子等产品属于煮制类主食；烙饼、烧饼、馕等产品属于烙烤类主食；油条、薯条、炸糕等产品属于油炸类主食。

49. 主食加工产品长时间过度加热是否会影响产品品质?

过度加热会影响主食产品的营养、感官和卫生安全,例如使一些营养物质流失,尤其一些稳定性较差的维生素、必需氨基酸或脂肪酸等会降解或失效;破坏产品结构,造成质地过软、颜色褐变、焦煳、蒸馏味等;过度油炸、烧烤,会生成化学危害物,例如杂环胺、多环芳烃、反式脂肪酸等有害物。

因此,主食产品要适度烹饪,一般而言,烹饪方法和烹饪时间参考产品包装袋上给出的建议时间即可。

某水饺包装袋上关于水饺的加热操作说明

50. 主食加工过程中蛋白质会发生什么变化?

主食加工过程中一般用到加热工艺,在加热条件下,食品中的蛋白质发生一系列变化,形成主食产品特有的品质,并保证食品的安全卫生。加热可使蛋白质变性,从而提高消化率,改善蛋白质的营养价值,例如鸡蛋要煮熟后再吃;加热可以使蛋白质热凝固，形成特有的食品质构，如形成馒头松软多孔的网络结构，形成肉制品柔嫩而有弹性特有质构等；热作用下，蛋白质和某些还原糖发生反应，可生成良好的颜色并产生香味物质，如扒鸡的油炸上色，烤鸭的烤制上色等；加热处理还可以破坏食品中的某些蛋白质类型的有害物质，如大豆中胰蛋白酶抑制剂、植物血球凝集素等；加热处理还可以杀灭产品中的微生物和钝化引起食品变质的酶类，保证食品安全。但是加热过度可以造成赖氨酸、胱氨酸等破坏，引起蛋白质营养价值下降。

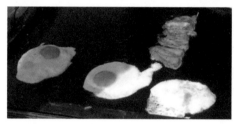

蛋白质加热后的变化

51. 主食加工过程中脂肪会发生什么变化？

主食加工过程中其中的脂肪容易发生的一系列化学反应，主要包括氧化反应和水解反应。在加工过程中，一方面，脂肪能够产生风味物质，提高产品质量；另一方面，主食加工过程中，在高温条件下，油脂发生热分解、热聚合、热氧化聚合、缩合、水解、氧化反应等。经长时间加热的油脂，品质降低，黏度增大，碘值降低，酸价升高，发烟点降低，不适合食用。在贮存过程中，油脂在氧气、光照、微生物和酶的作用下发生氧化反应，产生令人不愉快的气味和苦涩味，甚至产生有毒的化合物，造成脂肪酸败。

脂肪加热后的变化

52. 主食加工过程中碳水化合物会发生什么 变化？

主食中的碳水化合物包括单糖、低聚糖和多糖三大类。主食加工中单糖和低聚糖容易发生一些化学反应，如美拉德反应、焦糖化反应等，能够产生良好的风味和色泽。主食中的多糖主要包括淀粉、果胶、纤维素、半纤维素、亲水多糖胶等。在加工过程中，多糖能够形成海绵状的三维网状凝胶结构，形成良好的食品质地。

碳水化合物加热后的变化

53. 我国的传统主食中有哪些是发酵食品？

我国传统发酵食品有发酵面食（馒头、包子、花卷、烧饼、烙饼、馕等）、发酵米粉、发糕、酸浆面、醪糟等；发酵豆类食品包括豆豉、腐乳、豆酱、酱油、豆汁等；发酵蔬菜类食品包括泡菜、腌渍菜、榨菜、酸菜等；发酵肉类包括火腿、腊肉、腊肠等；发酵水产类包括腊鱼、虾酱、鱼酱油等；发酵乳制品包括扣碗酪、奶豆腐、乳扇、奶卷、酥油等；各种饮料包括酒类、茶类等。馒头、包子、水饺等主食食品所消耗面粉约占70%，其中馒头是60%以上中国消费者的主食，占面制品消费量的30%以上。

发酵类的主食

54. 主食发酵主要有哪些方式？

传统主食（馒头）使用的发酵剂主要有面包酵母、老面（含有乳酸菌、酵母菌等多种微生物）。发酵的方法分为酵母纯种发酵、多菌种混合发酵，具体发酵方式有一次发酵法、二次发酵法、过夜老面面团发酵法、面糊发酵法、酒曲发酵法等。

烤制类发酵主食

蒸制类发酵主食

55. 我国传统馒头的种类与生产工艺是怎样的?

馒头是我国传统面制主食，虽然以北方地区消费为主，在南方也是日常主食之一。受加工原料、水土气候以及消费习惯的影响，我国各地馒头品质不尽相同，从地域上大致可分为北方馒头和南方馒头，前者质地相对较硬，有弹性；后者相对较白，质地暄软。从发酵剂和原辅料上分为老肥、酵子、酵母馒头，加碱、不加碱馒头；白面、杂粮馒头；圆馒头、方馒头等。

馒头基本加工工艺：面粉、发酵剂、水→和面→一次发酵→二次和面→成型→醒发→蒸制→成品。

56. 我国传统面条的种类与生产工艺是怎样的?

面条是除馒头之外的另一类传统面制主食，属于非发酵食品。面条本身的制作工艺相对简单，品种划分除依据成型方式、面条形状外，多根据地方饮食习惯和加入调味料的不同制成多种花色的面条，如拉面、切面、刀削面；鲜面（湿面）、干面（挂面）；宽面、粗面、龙须面、棋子面；牛肉面、排骨面、番茄鸡蛋面等。

擀压法生产的面条最具代表性，其基本工艺为：面粉、水、辅料（食盐或食用碱等，不同品种可加或不加）→和面→醒面→压面或擀面→切条→湿面→干燥→切断→挂面。

57. 米发糕与馒头在生产工艺上最大的区别是什么？

米发糕是我国一种传统的发酵食品，米发糕生产中起发酵作用的微生物主要是乳酸菌和酵母菌。生产工艺主要为：原料米→洗米→浸泡→磨浆→接种发酵剂→发酵→注模→蒸煮→成品。馒头是我国人民的传统主食，尤其是在北方地区，在家庭膳食结构中占据重要位置。其主要生产工艺为：面粉称量→和面→发酵→压片与成型→醒发→蒸煮→冷却→包装。两者生产工艺的区别一是原料不同，分别使用籼米和面粉为原料；二是制作过程不同，米发糕生产需要磨浆过程和注模环节，而馒头制作需要和面与成型工艺。

发　糕

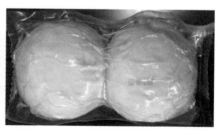

馒　头

58. 不同筋度小麦粉有什么区别？各适合加工什么产品？

根据蛋白质含量的多少，面粉分为强筋小麦粉、中筋小麦粉、强中筋小麦粉和低筋小麦粉。强筋小麦粉中蛋白质（干基）含量≥12.2%，面筋量（14%水分）≥32.0%；弱筋小麦粉中蛋白质（干基）含量≤10.0%，面筋量（14%水分）<24.0%；中筋小麦粉中面筋量（14%水分）≥24.0%；强中筋小麦粉中面筋量（14%水分）≥28.0%。高筋小麦粉适于做面筋、油条、面包、比萨、泡芙、千层饼等；中筋小麦粉适于做馒头、包子、饺子、烙饼、面条、麻花、点心等；低筋小麦粉适于做蛋糕、饼干、蛋挞、酥皮点心等。

中筋粉小麦粉面条

59. 目前国内外市场中常见米制品的品种有哪些？

市场上的米制品主要有方便米饭、调理米饭、炒米饭、米粉

类、休闲膨化米制品（雪米饼、香脆米酥、夹心米果等）、米制汉堡、寿司、糙米茶、营养米和速食营养米、即食米片、红曲米、强化米、米饼、米糠片、玄米汁、发芽玄米粉末、米纸等。

即食米饭

60. 方便米饭的工业化生产工艺是怎样的？

　　方便米饭是指在工厂里规模化生产的，色香味形与普通米饭基本保持一致，食用前只需简单烹调或者打开即食的米饭类产品。方便米饭通常按生产工艺和产品保藏方式分为干燥型、保鲜型，常温保藏、冷冻保藏等几种类型。干燥型方便米饭因口感差、食用较不方便、高耗能等因素逐渐被淘汰，高含水的保鲜型方便米饭正成为市场主流。

　　以冷冻保鲜型方便米饭为例，其基本生产工艺为：大米→清洗→浸泡→蒸煮→冷却→打散→速冻→配料（或不配料）→包装→冷冻方便米饭（调理米饭或白米饭）。

61. 速冻水饺的工业化生产工艺是怎样的?

速冻水饺是在家庭传统包制水饺的基础上经过速冻加工可达到长期保藏（-18℃冷冻条件下12个月）、随时食用的一种方便面制主食产品。因已成为工业化产品，速冻水饺与传统手工水饺在配料、生产工艺和装备上均有了一定差异。

速冻水饺基本加工工艺：面粉、水、馅料准备→和面→制面皮→包馅（自动或人工）→整型→速冻→包装→冷冻保藏→成品。

62. 市场可见方便粥类的品种有哪些?

市场可见方便粥类，按口味来分：八宝粥、黑米粥、芝麻粥、皮蛋瘦肉粥、燕麦粥、玉米粥等；按包装形式来分：罐装、盒装、袋装；按食用方式来分：即食和冲调。

即食粥类主食

63. 方便粥的工业化生产工艺是怎样的?

方便粥是指规模化生产，产品风味、口感等与普通米粥相

似，可直接食用或只需简单处理（加水冲泡或简单加热）的粥类产品。目前市场上的方便粥产品主要有罐藏型和干燥脱水型。罐藏型方便粥中以八宝粥最为常见。

以八宝粥为例，方便粥基本生产工艺为：大米、杂粮及其他辅料（莲子、银耳等）→清洗→预煮→装罐，加其他配料（糖、稳定剂）→脱气→封罐→高温高压杀菌→冷却→成品。

64. 蒸制主食的特点有哪些？

常见的蒸制主食有馒头、花卷、包子、米饭。蒸制是在一个密封的空间内完成的，蒸汽热量大，加热时间短、温度低，可避免生成有害物质，是将营养物质和风味保留的最好烹饪方式，安全健康。蒸制主食的加工程序简单，家庭生产方便，此种加工方法的主食口感比较松软，易吸收。

蒸制类主食

65. 煮制主食的特点有哪些？

　　常见的煮制主食有面条、饺子、馄饨、粥。煮是将食物及其他原料一起放在多量的汤汁或清水中，先用大火煮沸，再用小火煮熟。煮的食物避免了烧烤类的油腻与长时间产生的致癌物，是一种健康的饮食方式。煮制的主食含水量高，口感光滑，易消化。主食中的部分营养进入汤中，主食与汤配合食用更有利于营养的吸收。

煮制类主食

66. 炸制主食的特点有哪些?

常见的炸制主食有油条、油饼、麻花。炸制主食是将主食放入食用油中加热成熟的烹饪方法。炸制主食的加工时间较短,可以很快成熟。炸制的主食酥脆可口、香气扑鼻,能增进食欲,所以深受许多成人和儿童的喜爱。但是炸制主食不易消化,比较油腻,容易引起胃病。炸制主食热量高,含有较高的油脂和氧化物质,经常进食易导致肥胖,是导致高血脂和冠心病的危险食品。偶尔食用炸制主食对身体的危害并不会很大,长期食用必将对健康造成巨大威胁。所以,我们要适量食用。

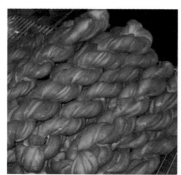

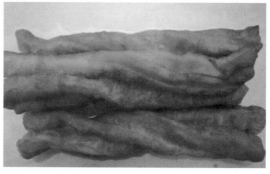

炸制类主食

67. 烤制主食的特点有哪些?

常见的烤制主食有面包、蛋糕。烤制主食大多以小麦等谷物粉料为基本原料，通过发面、高温烘烤过程而熟化的一大类食品。原料经烘烤后，表层水分散发，使原料产生松脆的表面和焦香的滋味，烤制主食的口味众多，营养丰富，形色俱佳，应时适口，可满足多种消费人群。同时烤制主食具有较好的保存性，便于携带和存放，是外出游玩时首选的主食。

烤制类主食

68. 如何生产"放心油条"?

传统油条通过使用明矾使油条酥松，但会使铝元素富集于人体，影响健康。"放心油条"的生产首先必须去除明矾的使用，通过工艺改进达到油条酥松的效果；其次，采用低温长时的油炸模式，油炸温度一般应控制在150～170℃，温度过高会导致丙烯酰胺生成，过低会使油条无法快速蓬发；再次，油的使用次数应限制，不宜多次反复使用。

无铝　　　　　　　　含铝

无铝油条和含铝油条

69. "中央厨房"的概念和特征是什么?

中央厨房是指为连锁经营的餐饮店及学校、医院等团体人群提供主食和菜肴产品的规模化加工调理设施。其主要生产过程是将原料按照菜单制作成成品或者半成品,配送到各连锁经营店进行二次加热或者销售组合后销售给顾客,也可以直接加工成成品或销售组合后直接配送销售给顾客。中央厨房集中采购,可大大降低成本、效率高、卫生有保证,配置有专业营养师,可制订个性化菜单,满足不同消费者的需求。

中央厨房

70. 主食干燥的方式主要有哪些？

主食干燥的方式主要分为两类，热干燥和冷冻干燥。热干燥的类型较多，有传统的光晒、热风干燥，也有红外线干燥、微波干燥等新型干燥方式。冷冻干燥是在高真空状态下水分从冰直接变成其他物质的过程。该方法可以提高主食的品质，但成本较高。

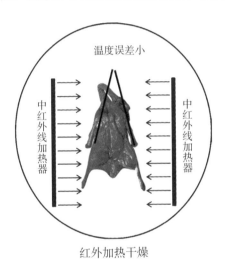

红外加热干燥

71. 我国目前主食生产加工的运营模式主要有哪些？

（1）中央厨房+餐饮门店模式：采用中央厨房集中供应，以快餐店、专卖店、便利店等形式销售。如嘉和一品、庆丰包子铺、尚香汤包等。

（2）团体配餐模式+终端客户：客户消费不是以店堂为主，主要是以团体形式上门服务为主。主要针对大型工业企业、商业机构、政府机构和其他社团的职员餐饮、大中小学的学生餐及公共写字楼、会展餐饮供应和社会配餐等。

（3）加工企业+连锁店：以加工企业为主体，销售终端采取连锁经营方式，连锁经营可有直属专卖店与加盟专卖店。如六味斋、德州扒鸡等。

（4）加工企业+社区网店：主要适用于早餐工程，以早餐车、社区小店等形式销售。如龙盛众望餐车、第五食堂等。

（5）加工企业+经销商：加工企业只负责主食生产，通过代理商或经销商建立营销网络，将产品配送到各销售点进行销售。

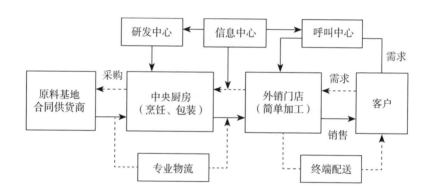

72. 主食加工产品常见的包装形式有哪些?

根据包装工艺的不同,主食加工产品的包装形式主要有:①普通包装:不经抽真空或充气工序,包装材料和设备较简单,产品保质期较短;②真空包装:将包装容器内的空气全部抽出密封,可防止食品出现哈喇味和变色,也可有效抑制好氧微生物的繁殖,但真空包装不够美观,不适合对有尖锐外表产品进行包装;③充气包装:在抽取真空后再充入氮气、二氧化碳等单一气体或混合气体,除具有真空包装的优点外,还能有效地防止产品变形,但包装成本较高。

普通包装食品示例

真空包装食品示例

气调包装食品示例

73. 主食加工产品常见的包装材料有哪些?

主食加工产品包装材料主要种类如下表所示:

包装材料种类	特点及其对产品品质的影响	图　例
纸质	环保、质轻，易于携带，但阻隔性差，产品易氧化变质、回潮等，保质期短	
塑料	质轻，具有适宜的阻隔性与通透性，有利于产品保存。但强度和硬度不够，产品易受挤压而变形，包装材料废弃后污染环境	
复合材料	复合材料主要有纸与塑料、纸与铝箔、塑料复合成型容器，具有不易破裂、不透氧、不透湿等优点，有利于保持产品品质与风味，产品保质期长	

（续）

包装材料种类	特点及其对产品品质的影响	图　　例
玻璃	外形美观，可直接看到内容物的状态，易于保持产品外形，同时抗腐蚀性好，不会出现食品成分引起的包装材料腐蚀。但笨重、易碎，不方便携带	
金属	具有良好的机械强度，可保持产品外形，密封性优良，产品不易腐败变质，但受酸性食品腐蚀	

74. 真空包装和气调包装的主要区别在哪里？

　　真空包装和气调包装的主要区别在于，真空包装容器中残留气体较少，具有一定的真空度。而气调包装容器中一般没有真空度，其内部气体压力一般和外界大气压力相当，但其内部气体经真空/充气工序后，空气被置换为二氧化碳、氮气、氧气等单一气体或混合气体。

75. 为什么主食加工产品多采用真空包装？

　　食品腐败变质主要由微生物造成的，而大多数微生物（如霉

菌和酵母菌）的生存需要氧气。真空包装基于该原理，将包装袋内和食品内的氧气去除，有效抑制好氧微生物生长繁殖，同时还可防止油脂氧化哈败（俗称"哈喇味"），延长产品保质期，被广泛应用于主食加工产品包装。

真空包装产品

76. 真空包装的胀袋是怎么回事？

真空包装主食加工产品胀袋主要是由于包装袋中某些微生物产生气体造成的。真空包装不同于无菌包装，如果在抽真空封口后杀菌不彻底，有些微生物（特别是厌氧微生物）还可生长繁殖，产生气体，进而造成胀袋。真空包装产品胀袋后绝对不可食用。

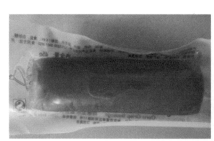

77. 气调包装在主食加工产品中常用的气体是什么？

气调包装常用的气体是二氧化碳、氮气、氧气三种。二氧化碳是一种可以抑制细菌生长繁殖的抑菌气体，能抑制大多数需氧菌的生长，但对厌氧菌和酵母菌无效；氮气是一种惰性气体，对食品不起作用，仅作为混合气体的充填气体。氧气具有抑制厌氧菌的生长繁殖，保持新鲜猪、牛、羊肉的红色色泽等作用。

气调包装机

78. 气调包装在主食产品保存中的优缺点是什么？

气调包装能够通过调整包装内的气体种类和比例，达到不

用或少用化学防腐剂，也能有较长保存期的目的，且食品风味可保持较好。气调包装充气后包装饱满美观，可克服真空软包装缩瘪难看和易机械损伤的缺点。但气调包装设备和包装材料成本较高，因此气调包装的主食产品一般售价较高。因此，此类包装常要与冷藏相结合，才有较好的效果。

充氮气99.4%

气调包装产品

79. 哪些包装形式的主食产品适合水浴加热？

水浴加热是指将预包装主食产品开封前直接放入热水中加热的一种加热方式，避免了直接加热造成的温度过高现象，使温度能够控制在比较合适的范围内，具有可平稳加热、受热均匀的优点。但由于包装材料直接与热水接触，因此要求包装材料可防水、耐热。常用的包装材料有铝箔袋、耐蒸煮塑料袋、铝塑复合包装袋、金属罐头等。

可水浴加热的包装

80. 哪些包装形式的主食加工产品适合微波加热？

适合微波加热的主要包装材料有：不含金属的纸塑材料、陶瓷材料和微波炉专用塑料等耐高温容器。凡含金属餐具、竹器、漆器等容器，或有凹凸状的玻璃制品，均不宜在微波炉中使用。使用微波炉加热时切忌封闭容器，加热液体时应使用广口容器，防止因容器内压力过大，引起爆炸事故。

适合微波加热的包装

81. 包装后的主食产品加热时如何防止包装袋爆裂？

包装后的主食产品加热时，由于温度升高，食品中的水分蒸发形成水蒸气，从而导致包装袋内压力升高，当其内部压力超过包装容器所能承受的程度时，包装容器会发生爆裂。为防止加热时包装袋爆裂，可于加热前在包装袋上扎一个小孔，以便水蒸气排出，防止包装袋内压力过大。

82. 我国对主食加工产品包装上的食品标签有哪些主要规定？

食品标签是指预包装食品容器上的文字、图形、符号以及一切说明物。食品标签的所有内容，必须通俗易懂、准确、科学，不得以错误的、引起误解的或欺骗性的方式描述或介绍食品。食品标签必须标明食品名称、配料表、固形物含量、产品生产日期、保质期或保存期、贮藏方法、食用方法、产品标准号、食品生产许可证号等。

品名：某品牌山药绿豆面（花色挂面）

净含量：400g

配料：小麦粉、精制绿豆面、铁棍牌山药粉、 饮用水、
　　　食用碘盐、食用碱

产品标准：LS/3231

生产许可证号：QS410801030070

保质期：10个月　生产日期：见包装

存放指南：在阴凉干燥处避光保存，请开封后30天用完。

食用方法：将水烧开，加入适量面条煮熟，调入喜爱的
　　　　　调料即可食用。

某品牌产品标签

83. 怎样阅读主食加工产品的营养标签?

食品营养标签是向消费者提供食品营养成分信息和特性的说明,包括营养成分表、营养声称和营养成分功能声称。我国食品营养标签应符合《GB 28050-2011 食品安全国家标准预包装食品营养标签通则》,该标准属于强制执行的标准。主食加工产品营养标签要求强制标示能量(一般以千焦kJ为单位)、核心营养素的含量值及其占营养素参考值的百分比(NRV%)。核心营养素主要包括蛋白质、脂肪、碳水化合物和钠。

某品牌馒头营养成分表

项目/Items	每100克(Per 100克)	营养素参考值	NRV%
能量/Energy	1 163千焦	8 400千焦	14%
蛋白质/Protein	6.5克	60克	11%
脂肪/Fat	1.3克	<60克	2%
碳水化合物/Carbohydrate	59.1克	300克	20%
钠/Sodium	6.5毫克	2 000毫克	2%

84. 食品标签中的产品标准号是指什么?

产品标准是针对产品而制定的技术规范,即产品生产、检验和评定质量的技术依据,包括国家标准、行业标准、地方标准、企业标准等。合格产品是指产品的质量状况符合标准中规定的具体指标。产品标准号即为该产品所执行标准的代号。在国内生产并在国内销售的预包装食品(不包括进口预包装食品)应标示产品所执行的标准代号。

食用方法：将面条松散放入沸水中，并连续挑动半分钟，煮面时间一般以二至三分钟或以面边呈透明色即熟，汤、炒、咸、甜皆宜。
品名：强力精细挂面
配料：小麦粉，水，食用盐，魔芋精粉，增稠剂（401，415）。
保质期：十二个月
产品标准号：Q/KMMY 0002S　贮藏：阴凉干燥处
生产日期：见包装上喷码处
生产者：（具体生产者以生产日期喷码旁的字母标示为准）

产品标准号

85. 食品标签中净含量和固形物含量有什么区别？

净含量是指标签上注明容器或包装内食品的重量，不包括容器、外包装及包装材料的重量。具体说，就是将盛有食品整个容器的平均重量减去空容器、盖及其他外包装和包装材料的平均重量，得到的就是净含量。当容器中含有固、液两相物质的食品，且固相物质为主要食品配料时，除标示净含量外，还应在靠近"净含量"的位置以质量或质量分数的形式标示沥干物（固形物）的含量，即固形物含量。但半固态、黏性食品、固液相均为主要食用成分或呈悬浮状、固液混合状等无法清晰区别固液相产品的预包装食品无需标示固形物含量。

净含量：320g
固形物含量：≥35g
保质期：24个月
贮存条件：保存于阴凉干燥处
生产日期(同批号)：见罐底

标签中净含量和固形物含量标识

86. 人体食盐的需要量和主食加工食品标签中钠标示量如何换算？

钠对于维护人体生理功能具有重要作用，正常成人每天需要
2 200毫克，其中从食盐中摄入1 200毫克左右。食盐是钠的主要来源，是日常饮食中主要的咸味调味品。我国建议健康成年人一天食盐的摄入量为6克。由于膳食习惯和口味的喜好，目前我国食盐的人均摄入量远远超过6克的水平，非常容易导致高血压、哮喘、骨质疏松等疾病。主食食品营养标签中标示钠元素的含量，经过换算可以得出食盐的含量：每100克产品中食盐含量（克）=每100克产品中钠含量×2.54。

多加一点盐，
您可能会……

感冒

动脉粥样硬化

胃癌

高血压

骨钙丢失

87. 如何阅读主食加工产品的配料表?

　　主食加工产品配料表是用来标注加工产品所使用到的主、辅料及各种添加剂成分,是消费者挑选主食加工产品的重要信息来源。一般按加入量比例由多到少依次递减的顺序排列,但加入量少于2%(多数为添加剂)的品种可随意排列。消费者可从配料表中快速获取产品的主要成分信息,从而指导选购。

配　　　　料:黄豆酱、精猪肉、辣椒、精炼植物油、食盐、白砂糖、味精、香辛料等
食 用 方 法:拌米饭、抹馒头、拌面条、蘸青菜等
保　质　期:12个月
执 行 标 准 号:Q/ZKJ—002—2005
卫生许可证号:大卫食监字[2004]第04F2923号
生 产 日 期:

(开盖后请冷藏)

某产品配料表

88. 主食加工产品主要有哪些储运方式?

　　一般来说,按照储运温度的不同可将主食加工产品的储运方式分为常温储运、冷藏储运、冷冻储运3种类型。常温储运是指将产品放在常温(一般为20~25℃)下进行流通、保存的一种储运方式；冷藏储运是指在储运全过程中，使所储运的食品始终保持在低温（一般为0～4℃）状态下，需由冷藏储运设备来完成；冷冻储运是指储运温度始终维持在-18℃以下，产品处于冻结状态。

冷藏/冷冻柜　　　　　　　　冷藏/冷冻运输车

89. 不同类型的主食加工产品的家庭储藏条件是怎样的？

不同类型主食加工产品的家庭储藏条件不同。常温类主食加工产品可放在室温下保存，但要注意防止阳光直射，而馒头、鲜切面、面包等水分含量较高、易变质的、可常温保存的主食产品，条件允许的话，最好放在冰箱冷藏室中保存。冷藏类主食产品需放在冰箱冷藏室保存，如需长时间保存，可将食品分成几小份，放入冰箱冷冻室中保存。冷冻类主食产品须放在冰箱冷冻室中保存，同时要避免反复解冻/冻结，以防止主食产品品质变差、甚至腐败。

90. 家庭中应如何储存主食加工产品，使其保鲜？

产品买回家后不要立即拆去包装，在煮制或食用前打开包装

即可。尽量按照包装上注明的条件贮藏产品，例如冷冻类产品购买后应及时放入温度低于-18℃的冰箱冷冻室中保存，防止产品解冻；低温类产品应及时放入温度为0~4℃的冰箱保鲜室中保存，防止微生物生长引起的产品变质；常温类产品应放置于阴凉、干燥、避光处保存。

91. 常温储存的优缺点有哪些？

常温储存不需要配备冰箱、冷藏柜等专用保存设备，具有便利、经济、节约能源等优点，但是由于常温储存是在常温（一般为20~25℃）条件下保存产品，细菌、霉菌等微生物生长繁殖较快，易发生长霉、变酸、哈败等现象，产品保质期较短。

常温储存主食产品示例

92. 常温储存的即食主食加工产品开封后如何保存？

常温储存产品打开包装后都应尽快食用。如果不能一次性食用完，应将产品再密封，尽量除去包装中的气体，置于低温下储藏（一般为0~10℃），并于2～3天内食用完。

打开吃剩的要放入冰箱保存！

93. 油炸类主食加工产品如何保存？

油炸类主食加工产品易被氧化产生"哈喇味"。存放时要用密封袋、保鲜盒保存或用密封夹封口，在密封时一定要封严、不要漏气，然后放在低温、干燥处保存。

油炸类主食

94. 主食产品贮藏时如何防止交叉污染?

主食加工产品必须分类存放,才能减少交叉污染,尤其是生熟主食产品之间必须划分不同的存放区。以家庭冰箱存放为例,买回家后的主食产品最好先分类处理,分别包装、密封后再放进冰箱,同时,生熟食品应分层存放,熟食放在上层。使用保鲜容器不仅能避免交叉污染,减少感染的可能性,还可以防止食物串味和冰箱异味,并且增加保鲜,使食物保存时间更长久。

食物储藏分类

95. 进口食品的生产日期和保质期怎么看？

我国法律规定：所有进口食品必须用中文标注相关说明，一般都会在外包装上有中文标签。进口预包装食品必须标示原产国或原产地区的名称，以及在中国依法登记注册的代理商、进口商或经销者的名称、地址和联系方式。原有外文中生产者的名称地址等不需要翻译成中文。进口预包装食品如仅有保质期和最佳食用日期，应根据保质期和最佳食用日期，以加贴、补印等方式如实标示生产日期。

标示日期时使用"见包装"字样，一是包装体积较大，应指明日期在包装物上的具体部位；二是小包装食品，可采用"生产日期见包装"、"生产日期见喷码"等形式。

进口食品标签

96. 主食产品常见的质量安全问题有哪些?

根据污染物的性质，食品污染可分为三个方面：

（1）生物性污染：①微生物及其毒素，主要是细菌及细菌毒素，霉菌及霉菌毒素等，食品的腐败变质就是由微生物污染引起的；②寄生虫及其虫卵，如囊虫、绦虫、蛔虫等，病人或病畜的粪便或经过环境中转化，最后通过污染食品造成危害。

（2）化学性污染：①危害最严重的是化学农药、有害金属、多环芳烃类如苯并芘、N-亚硝基化合物等污染物，如海南毒豇豆、镉大米、剩菜中N-亚硝基化合物超标等；②滥用食品添加剂或非法添加物等，如面粉中使用吊白块、腐竹中使用亚硫酸盐等。

（3）物理性污染：①主食储运、销售过程中，受到灰尘、苍蝇、老鼠粪便污染；②掺假使假，如注水肉；③食品的放射性污染，主要来自放射性物质的开采、冶炼、生产、应用及意外事故造成的污染，如日本福岛核泄漏事件。

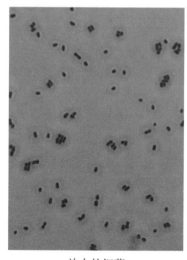

放大的细菌

97. 工业化主食的安全性是如何保证的？

主食加工产品的安全性同样遵循一般食品安全性保障措施，从源头抓起，加强生产过程、销售、仓储环节的控制。原料采购：对所采购的物品进行遴选、比质、确认、验收、入库。仓储：对原料的储存场地和环境进行严格控制，防止霉变、腐烂等。加工：控制加工的生产条件和储藏保鲜环境，推行生产过程的SSOP、GMP和HACCP全程质量控制体系。销售贮运环节，视产品类型而定，分别采用常温或冷链贮运。

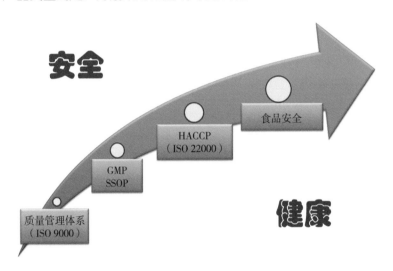

98. 常用的食品添加剂有哪些？

食品添加剂是有意识地少量添加于食品，以改善食品的外观、风味和组织结构或贮存性质的非营养性物质。如抗氧化剂，可用于食用油或饼干、蛋糕等，防止食物变坏，延长保质期；增

稠剂，可提高食品的黏稠度或形成凝胶，改变食品物理性状；甜味剂、香精香料，用于提高产品的风味；防腐剂，用来杀菌抑菌，延长产品保质期；着色剂或称色素，可用来改善产品色泽。

99. 主食加工产品使用添加剂遵循什么原则？

（1）不应对人体产生任何危害；

（2）不应掩盖食品本身或加工过程中的质量缺陷；

（3）不应掩盖食品腐败变质或以掺杂、掺假、伪造为目的而使用食品添加剂；

（4）不应降低食品本身的营养价值；

（5）在达到预期的效果下尽量降低在食品中的用量；

（6）食品工业用加工助剂一般应在制成最后成品之前除去，有规定食品中残留的除外。

标签上的添加剂

100. 天然食品添加剂一定比人工合成添加剂更安全吗?

这种说法并不完全准确。无论天然的食品添加剂还是人工合成的食品添加剂,在允许使用前都经过了大量的科学实验和安全性评价,然后按照相关申报规定和程序进行申报,通过全国食品添加剂标准化技术委员会审核和卫生部批准后才能使用。因此,如按照GB2760-2011所规定的品种和剂量范围使用,对人体都是无害的。有些合成的食品添加剂在体内不参与代谢,会很快排出体外;许多天然食品添加剂成分复杂,由于分离、检测技术限制,某些不安全成分可能并没有被识别和去除,并不比合成物质的毒性小。因此不能绝对而论。

合成添加剂

天然添加剂

101. 主食加工产品为什么要添加抗氧化剂？

含油脂较多的主食在贮存过程中很容易发生氧化酸败现象，俗称哈喇，从而导致产品的变质。食用已发生酸败的油脂和食品会引起严重的食品安全事故。抗氧化剂能阻止或延缓食品氧化变质，提高食品稳定性和延长贮存期。目前主食产品中常用的抗氧化剂有茶多酚、迷迭香抗氧化剂、异维生素C钠盐、维生素C、维生素E等以及它们的混合物。

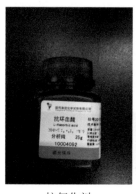

抗氧化剂

含抗氧化剂的油脂

102. 主食加工产品为什么要添加增味剂？常见的增味剂有哪些？

食品增味剂也可称为风味增强剂或鲜味剂。增味剂是指补充或增强食品原有风味的食品添加剂。一些食品添加增味剂后，呈现鲜美滋味，增加食欲和丰富营养。常见的增味剂有氨基酸类（最主要的是L–谷氨酸钠，俗称味精）、核苷酸类、水解动物蛋白类（如鸡精）、酵母提取物等。

增味剂

103. 主食加工产品为什么要添加着色剂？允许添加的着色剂有哪些？

　　着色剂只是赋予食品色泽和改善食品色泽的食品添加剂。通过着色剂的添加可保证主食产品色泽的均一性和提高产品的商业价值，使消费者在购买或食用时产生愉悦的心理。如我们在超市里购买到的馒头和面条等产品会适量添加日落黄。我国允许使用的化学合成色素有：苋菜红、胭脂红、赤藓红、新红、柠檬黄、

着色剂

日落黄、靛蓝、亮蓝，以及为增强上述水溶性酸性色素在油脂中分散性的各种色素；天然色素有：甜菜红、紫胶红、越橘红、辣椒红、红米红等45种。

104. 主食加工中是否可以添加磷酸盐？

在食品加工中使用的磷酸盐通常为钠盐、钙盐、钾盐以及作为营养强化剂的铁盐和锌盐等三十多种，广泛应用于肉制品、禽肉制品、海产品、水果、蔬菜、乳制品、焙烤制品、饮料、土豆制品、调味料、方便食品等的加工过程中。磷酸盐在加工面条和方便面时可增加面团的持水性，提高面条的弹性，增加口感滑爽度，使面条更筋道、复水快且耐煮泡。磷酸盐的缓冲性可稳定面团的pH，防变质，并改善面条的风味和口感。在烘焙食品加工中，磷酸盐最重要的用途是与碱性物质中和反应释放气体而使产品质地更加蓬松。此外磷酸盐还用作面粉调节剂、面团改良剂、缓冲剂和酵母营养剂。

复合磷酸盐

水分保持剂

105. 主食加工产品为什么添加防腐剂？

主食加工产品中添加防腐剂的目的是抑制微生物的生长和繁殖，以延长食品的保存时间。防腐剂的添加主要是针对一些不易储存的主食产品，防腐剂在食品工业中是必不可少的。食品防腐剂若按照国家标准（GB 2760）添加，不会对人体产生危害，但滥用或非法添加则会对健康造成一定影响。

含有防腐剂的主食产品

106. 主食加工产品中一定含有防腐剂吗？

不一定。有些主食加工产品经杀菌和包装（一般为阻隔性包装材料）后，在规定的保存条件和保质期内，可有效保证产品的安全。如罐头类主食产品，经过高温杀菌后，产品达到商业无菌，采用阻隔性包装材料（玻璃包装、铁皮包装、高阻隔塑料包装等），可有效阻隔氧气，防止微生物污染，则不必添加防腐剂，常温条件下可储存半年以上。此外，一些即时食用、不必长期保存的主食产品也不需要添加防腐剂。

不含防腐剂的主食产品

107. 储藏时间长的食品一定添加防腐剂吗？

不一定。有些主食加工产品经杀菌和包装（一般为阻隔性包装材料）后，在规定的保存条件和保质期内，可有效保证产品

不含防腐剂的长保质期产品

的安全。如罐头类主食产品，经过高温杀菌后，产品达到商业无菌，采用阻隔性包装材料（玻璃包装、铁皮包装、高阻隔塑料包装等），可有效阻隔氧气，防止微生物污染，则不必添加防腐剂，常温条件下可储存一年以上。此外，一些即时食用、不必长期保存的主食产品也不需要添加防腐剂。

108. 主食加工产品的保质期和最佳食用期有什么区别？

目前我国大多数的包装食品没有最佳食用日期，只有保质期。我国《预包装食品标签通则》（GB 7718-011）中对食品保质期的定义为：指预包装食品在标签指明的贮存条件下，保持品质的期限。保质期由食品生产企业提供，标注在限时使用的产品上。在保质期内，产品的生产企业对该产品质量符合有关标准或明示担保的质量条件负责，消费者可以安全食用。在进口食品中，会出现"Best before"，简单翻译过来就是"最佳食用期"，其实最佳食用期和保质期是一个概念，是指主食产品的营养、功能、口感、味道最佳的食用期限。另外，主食产品中可能会出现"保存期"，保存期是指在标签上规定的条件下，产品可以食用的最终日期，超过此期限，产品就不再适于销售和食用。过了保质期的主食加工产品未必不能吃，但过了保存期的食品就一定不能吃了。

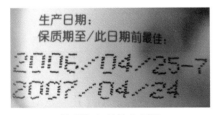

生产日期：
保质期至/此日期前最佳：
2006/04/25-7
2007/04/24

保质期和最佳食用期

109. 影响主食产品保质期的因素有哪些？

影响主食产品保质期的因素包括几个方面，一是食品材料本身的含水量，一般含水量低的产品保存时间较长；二是产品的包装方式，比如真空包装或充氮包装，可达到隔离氧气的目的，防止氧化产生的色泽劣化、脂肪哈败；三是产品的杀菌方式，一般121℃高温高压热力灭菌能够彻底杀死细菌，产品的保质期长；四是防腐剂在主食产品中的使用量，合理使用防腐剂有利于延长产品保质期；五是产品的包装材质，一般透过包装袋的氧气量越少，产品风味、颜色保持就越好。此外，温度、湿度和光照等也是影响主食产品保质期的重要因素，一般常温保存的产品要放在阴凉、干燥和避光的环境中。

不同加热温度

不同包装材料

110. 腐败变质的主食加工产品有哪些表现？

腐败变质主食加工产品的感官表现包括如下几点：①风味改变：出现一些不应有的或刺激性的味道，如含有肉类、鱼类的产品中，脂肪氧化酸败引起的哈喇味、酸臭味、刺激性气味等，蛋白质、氨基酸腐败变质引起的发酸发臭等；②质地改变：如有黏稠状物、组织溃烂等；③外观改变：如颜色异常、色泽变暗或无光泽、表面有黏液污秽、出现菌斑等；④密封保存的主食产品，出现胀袋现象也是变质的表现。

肉制品变色

油脂氧化哈败

111. 变质食物存留毒素会不会因煮熟分解？

不少微生物是耐高温的，煮一煮并不能杀灭它们，相反，它们能在食物里迅速繁殖，导致食物腐败并产生毒素，人一旦食用这些变质食物，极易发生细菌性食物中毒，其中以急性胃肠炎为主，临床表现主要为恶心、呕吐、腹痛、腹泻等。

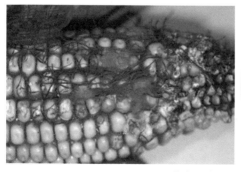

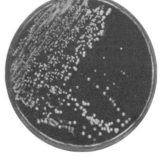

金黄色葡萄球菌

一旦发现食物腐败变质，应及时丢弃，即便是煮熟了、煮透了都不行。因为有的细菌易代谢产生毒素，如金黄色葡萄球菌、霉菌中的黄曲霉等，这些毒素不会因为煮熟煮透而分解掉。另外，冰箱并不是食物的保险柜。这些细菌和毒素，即使在冰箱中保存也不会被破坏，人们在进食后仍可能引起食物中毒。

112. 主食加工产品为什么要"急冻"和"缓化"？

食品在放入冷冻室之前，应将温度控制旋钮调到制冷强档，尽量使食物在最短的时间内被冷冻，即所谓的"急冻"。因为迅速降温冷冻的食品，其内部生成的冰晶数量多而且体积小，不易破坏食物的细胞从而避免食品营养成分及汁液流失。

在解冻时，不宜急速升温解冻食品，否则会使食品的营养遭受损失。因此，合理的解冻方式应是"缓化"，即将食品放在1～5℃左右的自然空气中解冻，或用10℃左右的流动水解冻，切忌把食物放入温热水中解冻，这样做会导致冷冻食品外热内冷，不仅营养素遭受较大损失，味道也会大打折扣。此外，还可以利用微波炉来解冻食品，一般仍能保持食物原有的形和味。

解冻肉汁液损失

113. 即食的冷冻或冷藏食品加热到多少度食用最佳？

从卫生、安全、口感和最适食用温度等方面考虑，应"充分但适当"加热即食冷冻或冷藏食品。一般烹调食物中心温度达到70℃维持3分钟可确保安全食用（如厚度在3厘米以内的食物，水烧开后浸泡15分钟即可）。为避免营养素流失，烹饪时间参考产品包装袋上给出的推荐时间即可。从口感角度考虑，常见冷冻或冷藏食品的推荐加热温度如下表所示：

主食种类	加热最佳温度（℃）
汤、煲类	60～70
蔬菜类	50～60
肉类	70～75
整只禽类	82～85

114. 冷冻产品反复冻结和解冻对其品质和安全性有影响吗？

对于一些要求在-18℃下贮存的产品，如果反复冻结和解冻，会导致产品质地松软、色泽褐变、汁液流失，其中汁液中含有风味、营养物质。例如，解冻一次，肉类产品的汁液会损失3%～5%，冻结后再解冻一次，汁液会损失7%～9%；蔬菜和菌类等粗纤维产品，反复冻结和解冻，会出现组织塌陷、颜色发黑、汁液析出等现象。同时，反复冷冻和解冻的果蔬类产品，还容易产生亚硝酸盐等有害成分，危害人类健康。总之，对于需要冷冻贮藏的产品，最好在冷冻之前分成若干小份进行冻藏，每次适量解冻后进行食用，避免反复冷冻和解冻。

反复解冻后的牛肉

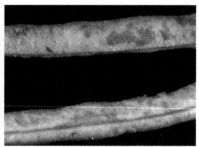

冷冻的豆角

115. 售卖主食加工产品需要具备哪些资质？

如果要售卖主食加工产品，应具备合法经营的资质要求，证照齐全，手续完备。主要包括营业执照、税务登记、餐饮服务许可、消防许可、环保许可、市政许可、食品安全认证等。应该通过ISO 22000质量管理体系或ISO 9000系列认证，建立HACCP体系。

116. 直接食用超市购买的散装熟制主食加工产品存在哪些安全隐患？

散装熟制主食加工产品不做适当处理，就会存在明显的安全隐患。这类产品被销售人员拆除大包装后，裸露在外，而超市中人来人往，散卖或顾客挑选时都不可避免地产生人与食品的接触，若允许顾客自己动手挑选的散装产品，更易遭受微生物污染，并且上面沾染的致病菌及其毒素，在很多情况下简单加热是去不掉的，食用后有导致细菌性食源性疾病的风险。另外，由于散装熟制产品与空气接触面积大，容易造成水分蒸发、产品干裂、油脂氧化或酸败等现象，使产品的外观、色泽、风味等变差。

裸露的散装主食产品

117. 为什么剩菜应彻底加热后才能食用？

剩菜彻底加热的目的是为了杀死其中滋生的微生物，特别是一些致病微生物，确保其食用安全性。大家都清楚，剩菜里面含有丰富的营养成分，如脂肪、蛋白质等。在适宜的条件下，剩菜中污染的微生物很容易生长和繁殖，给人们的身体健康带来潜在的危害。将其彻底加热是消除这一危害的最好方式。

另外，最好不要食用隔夜或隔餐的叶菜类剩菜，如白菜。这主要是因为叶菜类蔬菜通常含有大量的硝酸盐，它很容易被剩菜中的微生物转化为毒性很高的亚硝酸盐。亚硝酸盐除了能引起人们头痛、头晕、恶心、呕吐、心慌等中毒症状外，还是一种致癌物质。但是加热并不能破坏亚硝酸盐，因此，应避免食用隔夜或隔餐的叶菜类剩菜。

剩菜中的亚硝酸盐

118. 水焯过程对蔬菜品质有哪些影响？

部分蔬菜经过水焯之后，其颜色会更加鲜艳，质地更脆嫩，还可以减少涩、苦、辣、腥等味。如水焯可以降低苋菜、菠菜等中草酸的含量，减小结石形成的概率，同时还可以提高钙、铁等元素在身体内的吸收率；对于油菜、芥菜、萝卜等蔬菜，水焯可以去除其自身的辛辣味，改善这些蔬菜的口感。水焯对蔬菜的品质也有不利的一面，如它会造成一些水溶性维生素的损失。因此，对蔬菜进行水焯时应使用大火沸水，缩短加热时间。当需要水焯的蔬菜较多时可分次下锅，沸进沸出。另外，水焯时应尽量保持蔬菜的完整以减少维生素的损失。

水焯的蔬菜

119. 水焯过程对肉制品品质有哪些影响?

水焯处理不仅可以有效地去除肉制品中的血污及腥、膻、臊等异味，改善其口感及品质，还可以去除其中的部分脂肪，避免

水焯的猪肉

肉制品过于肥腻。水焯处理不会对肉制品的嫩度产生影响。水焯处理可以造成肉制品中一些水溶性的营养物质，如嘌呤、少量的氨基酸、水溶性维生素、钾元素等的损失，但是这些损失很小，对肉制品营养的影响可以忽略不计。

120. 主食加工过程中长时间油炸对产品品质有哪些影响？

主食加工过程中，如果经历长时间油炸，除会破坏食品的营养品质外，还会产生一些有毒有害物质。在150~300℃的油炸温度下，原料中的营养素很快受到破坏，例如蛋白质会炸焦变质，造成其被消化吸收率大大下降；油脂中的必需脂肪酸大量损失；维生素C彻底破坏，脂溶性维生素（如维生素A、维生素D和维生素E等）破坏或流失。

另外，长时间油炸还会产生一些对人体健康有很大威胁的有毒有害物质，油炸产品本身油脂含量多、热量高，加热后含有较高的氧化物质，经常进食易导致肥胖、高脂血症、冠心病及癌症；长时间油炸过程中产生的苯并芘、丙烯酰胺、杂环胺和反式脂肪酸等，均为明确的致癌物或潜在致癌物，长期食用过度油炸的食品，致癌物质会在体内蓄积，增加患恶性肿瘤的危险。

例如多环芳烃类物质，其代表为3，4-苯并芘，是已经明确的对人类有致癌作用的物质，可导致肺癌、胃癌等恶性肿瘤。油炸时间越长、温度越高，产生的苯并芘就越多，经常食用被苯并芘污染的油炸、烧烤类食品，致癌物质会在体内蓄积，增加患恶性肿瘤的危险；而淀粉含量较高的食物，经过油炸处理，容易产生丙烯酰胺，是人体的可能致癌物；反式脂肪酸可导致高血压、胆囊炎、胃病、糖尿病，甚至可能增加患心脑血管病和多种癌症的危险。

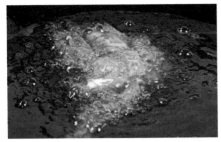

营养损失

肉色褐变

121. 老汤使用过程中反复卤制对产品品质有哪些影响?

老汤是指使用多年的卤制禽、肉的汤汁,许多生产酱牛肉、烧鸡、盐水鸭等传统肉制品的老字号品牌,都将老汤作为其产品的金字招牌。老汤中含有多种游离氨基酸、糖类、有机酸以及各种呈味物质,老汤使用时间越长,里面的营养成分、芳香物质越丰富,不但口味绝佳,卤制出的产品风味也愈美。虽然在长期使用老汤的过程中,会不断补充新的汤液,但长时间加热,卤汤中的氨基酸、肌酸肝、糖类等物质会发生化学反应,生成一些有毒有害成分(如杂环胺、亚硝酸类物质、氧化脂肪等),而且会随时间的加长累积得越来越多。以卤制鸡肉产品为例,卤煮0.5小时,每克鸡肉和鸡皮中的杂环胺总量分别为2.42钠克和5.47钠克/克,而煮20次的老卤,每克鸡肉和鸡皮中的杂环胺总量分别达到60.64钠克和103.29 钠克/克,卤汤中杂环胺含量达到102.45钠克/克。另外,老汤反复卤制的传统工艺,容易造成产品质量稳定性、均一性差,各批次产品的风味、质地容易有差异。

卤制用老汤

122. 新鲜蔬菜炒制时间过长对产品品质有哪些影响？

炒制时间不同，新鲜蔬菜的产品也有较大差异。急火快炒的加工方式，对新鲜蔬菜的营养品质影响较小，除维生素C损失较多外，其他营养素均保持得较好。但新鲜蔬菜若长时间炒制，会因过度加热导致蔬菜细胞膜破裂，使蔬菜中的水分、无机盐及水溶性维生素大量排出，大部分维生素受到破坏而失去营养价值。从感官品质看，过度炒制还会使蔬菜的颜色变暗，汤汁变多，口感变得不新鲜，或失去蔬菜原有的脆、嫩口感。

炒制时间过长的蔬菜

123. 肉制品烤制时间过长对产品品质有哪些影响?

烤制时间过长,会使肉制品的外观、色泽变差,产生焦烟味,造成产品营养、安全品质降低。主要表现在以下几个方面:①过度烤制会使肉中的维生素和氨基酸遭到破坏,蛋白质发生变性,消化率降低,影响营养成分的摄入;②烧烤过程中易产生苯并芘、丙烯酰胺、杂环胺和反式脂肪酸等有毒有害物质,其中部分有害成分的致癌性甚至高于油炸食品,增加患恶性肿瘤的危险;③烧烤类肉制品也属于高热量、高脂肪食品,长期摄入易导致肥胖、高脂血症、冠心病等疾病。

烤肉类食品

124. 食用腐败的主食后对身体健康有什么影响?

食物腐败后,其中所含蛋白质、脂肪、碳水化合物结构发生变化,原有的营养价值降低或丧失,食物的组织性状及色、香、味变差。例如,蛋白质在腐败分解过程中可产生合机胺、硫化氢、硫醇等低分子有毒物质,而具有蛋白质分解所特有的恶臭,蛋白质原有的营养价值丧失。更为严重的是,由于微生物污染严重,腐败食物中致病菌和产毒素菌的存在机会增加,食用腐败的食物后会引起食物中毒或其他潜在危害。

由于主食腐败变质产生的有毒物质多种多样,对人体健康造成的影响也有所不同:一般情况下,食用腐败的主食后常引起急性中毒,多以急性胃肠炎症状出现,如呕吐、腹痛、腹泻、发烧等,重者可在呼吸、循环、神经等系统出现症状,甚至治愈后也会留下一些后遗症;有些腐败主食由于有毒物质含量低或毒性低等原因,并不会引起急性中毒,但长期食用会导致慢性中毒,甚至表现出致癌、致畸、致突变的作用,如食用被黄曲霉毒素污染的霉变花生、粮食和花生油等。

发霉的主食

125. 能引起食物腐败的微生物有哪些？

由于食物的性质、来源和加工方式不同，引起食品腐败的微生物也各有差异。通常细菌、霉菌、酵母均能引起食物腐败，因细菌和霉菌引起的食物腐败最为常见。引起腐败的细菌包括各种需氧性芽孢杆菌和厌氧性梭状芽孢杆菌，由于它们能产生芽孢，对热的抵抗力特别强，是一些加热后罐藏食品的主要腐败菌；非芽孢杆菌，如大肠杆菌、变形杆菌和液化链球菌等，它们不产生芽孢，热抵抗力弱，是新鲜食品、冷藏食品的常见腐败菌。

在培养基上能长成绒毛状或棉絮状菌丝体的真菌统称为霉菌，如青霉属、芽枝霉属、念珠霉属、毛霉属等，可在较低的水分活度值内生长。当霉菌引起食品腐败后，会出现肉眼可见的各色菌丝体，还会出现食物组织软化、解体等。

酵母是兼性厌氧菌，具有耐高浓度糖和盐的特性，对多数糖有分解作用，通常易在果汁、炼乳中引起腐败。

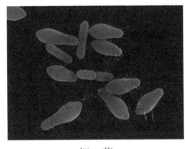　　　　

　　　　细　菌　　　　　　　　　　　　霉　菌

126. 反复加热对主食产品品质有哪些影响？

一般来说，主食加工产品都有其适宜的烹饪方法和烹饪时间，反复加热虽然可以杀灭一些导致食品腐败的微生物，但仍会对主食产品的营养、感官和卫生安全造成损失，例如稳定性较差的维生素、必需氨基酸或脂肪酸等会降解或流失，产品质地变软、颜色变暗、产生焦煳、蒸馏味，以及杂环胺、多环芳烃、反式脂肪酸等有害物质也会有生成。尤其是一些不适合反复加热的产品，例如以绿叶类蔬菜为原料的预制菜肴，由于部分绿叶类蔬菜中含有较多的硝酸盐类，加热后如果进行放置，在细菌的分解作用下，硝酸盐便会还原成亚硝酸盐，具有致癌作用，而再次加热时这种物质也不能去除。

反复加热后的排骨

127. 反复使用过的食用油好不好？

使用过的食用油不能多次反复使用，这是因为加热次数增多后，食用油中的必需脂肪酸、脂溶性维生素（尤其是维生素E）会大量损失掉，而维生素E具有良好的抗氧化性，在防治心脑血管疾病、肿瘤、糖尿病等方面具有广泛的作用；更为严重的是，食用油在反复加热过程中会产生苯并芘、丙烯酰胺、反式脂肪酸和其他一些有毒物质。

反式脂肪酸：油脂反复加热只会产生更多的反式脂肪酸，当反复加热食用油时，越是富含不饱和脂肪酸的油类，越容易被氧化产生反式脂肪酸，而反式脂肪酸会增加血液中低密度脂蛋白胆固醇含量，增加人体血液的黏稠度，导致血栓形成，增加患冠心病的危险。

丙二醛：有研究表明，食用油经煎炸使用多次后，其丙二醛的含量增加，反复使用7次后的丙二醛含量升高可达30倍，而丙二醛会加速生物体的衰老，具有一定的细胞毒性和潜在的致癌性。

苯并芘：食用油经过长期加热后会产生苯并芘。反复加热次数越多，产生的苯并芘累积越多，长期食用在人体内积蓄到一定程度后，易诱发胃癌、肠癌等癌症，同时对肝、神经系统等也会有损害。

油脂反复使用后氧化情况

128. 哪些主食产品可以做到全产业链追溯？

"全产业链"涵盖"从田间到餐桌"。以中粮集团为例，从产业链源头起，经过种植与采购、贸易及物流、食品原料和饲料原料的加工、养殖屠宰、食品加工、分销及物流、品牌推广、食品销售等每一个环节，形成安全、营养、健康的食品全产业链，

实现了食品安全可追溯。此产业链涉及小麦、玉米、油脂油料、稻米、大麦、糖、番茄、饮料、饲料及肉食等多条产业链，涉及几乎所有主食加工产品的原料、辅料。可以说几乎所有的主食产品在技术层面上均可做到全产业链追溯，但在具体施行上，仍需取决于主食加工企业所在产业链追溯体系的建设与运行情况。

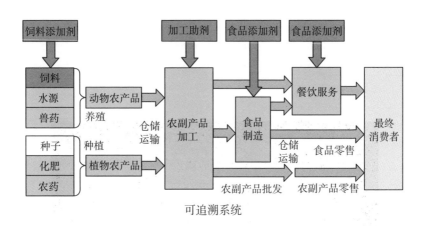

可追溯系统

129. 涉及主食加工的现行国家、行业标准有哪些？

涉及主食加工的现行标准主要为四个推荐性商业行业标准，另有一些具体的产品标准也适用于主食加工产品，各标准的名称、编号信息如下表所示：

标准编号	标准名称	备注
SB/T10750-2012	主食加工配送中心产品质量检测室技术规范	商业行业标准/推荐性
SB/T10679-2012	主食加工配送中心良好生产规范	商业行业标准/推荐性
SB/T10678-2012	主食冷链配送良好操作规范	商业行业标准/推荐性

（续）

标准编号	标准名称	备注
SB/T10559-2010	主食加工配送中心建设规范	商业行业标准/推荐性
SB/T10652-2012	米饭、米粥、米粉制品	商业行业标准/推荐性
SB/T10482-2008	预制肉类食品质量安全要求	商业行业标准/推荐
GB/T21118-2007	小麦粉馒头	国家标准/推荐性
NY/T1330-2007	绿色食品方便主食品	农业行业标准/推荐性
DB34/T1112-2009	方便米饭	安徽省地方标准/推荐性

130. 从事主食加工的企业通常需要取得哪些与食品质量安全有关的证书？

从事主食加工的企业同其他食品加工企业一样，在开办之初必须办理《食品生产许可证》（即QS证，强制性证书）。此外，从加强产品质量安全和提升企业形象的角度，通常还可以组织申请办理ISO22000（国际标准化组织颁布的质量安全管理体系）认证、HACCP（危害分析与关键控制点）认证、GMP（良好操作规程）认证等。

标准号 ↓	标准名称 ↑	发布日期 ↑	实施日期 ↑
SB/T 10750-2012 现行	主食加工配送中心产品质量检测室技术规范 Technical specification for product quality testing laboratory of the staple food processing & distributing center	2012-08-01	2012-11-01
SB/T 10679-2012 现行	主食加工配送中心良好生产规范 Good manufacturing practice of staple food processing and distribution center	2012-03-15	2012-06-01
SB/T 10678-2012 现行	主食冷链良好操作规范 Good practice of staple food cold chain distribution	2012-03-15	2012-06-01
SB/T 10559-2010 现行	主食加工配送中心建设规范		2010-12-01

图书在版编目（CIP）数据

主食加工知识130问 / 张泓主编. —北京：中国农业出版社，2015.5
ISBN 978-7-109-20285-6

Ⅰ. ①主… Ⅱ. ①张… Ⅲ. ①主食 – 制作 – 问题解答
Ⅳ.①TS972.116–44

中国版本图书馆CIP数据核字（2015）第052623号

中国农业出版社出版
（北京市朝阳区麦子店街18号楼）
（邮政编码 100125）
责任编辑　张丽四

北京中科印刷有限公司印刷　　新华书店北京发行所发行
2015年8月第1版　　2015年8月北京第1次印刷

开本：880mm×1230mm　1/32　印张：3.625
字数：86千字
定价：20.00元
（凡本版图书出现印刷、装订错误，请向出版社发行部调换）